天藍色的冰淇淋蘇打
Recipe

冰淇淋蘇打職人／「旅する喫茶」店主

tsunekawa

徐承義 譯

• 前言 •

調製冰淇淋蘇打來享用並不是什麼相當特別的事情，
而是能讓我們稍微休憩一下的時光。
然而，我認為這能夠將日常生活轉變為
令人喜悅的時刻。

我是一個服裝設計師，
同時也是「旅する喫茶」的店主與冰淇淋蘇打職人。
以一次跟朋友的談話為契機，我開始製作冰淇淋蘇打，
在那之後的每一天也都在研究新的冰淇淋蘇打。
為了兼作備忘錄使用，我開始把內容投稿到社群網路上。

使用糖漿來幫滋滋作響冒泡的氣泡水增添顏色，
再倒入裝進冰塊的玻璃杯之中。
調製冰淇淋蘇打的過程，光是注視就能令人備感療癒。
使用當令的水果或旅行地的食材來製作也相當有意思。

在這本書中，將會介紹擁有自然不用贅言的美麗外觀，
同時也對美味很講究、想要預先做好備用的冰淇淋蘇打和凍飲的食譜。
有時一個人品味、有時和重要的人一同享用，
各位想不想體驗看看調製冰淇淋蘇打的樂趣所在呢？

Contents

前言 002

製作冰淇淋蘇打的預備知識 ...008

Chapter 1　天藍色的冰淇淋蘇打 *Sky.*

Recipe 01
注入藍天的
冰淇淋蘇打 010

Recipe 02
夕陽色的
冰淇淋蘇打 012

Recipe 03
魔幻時刻的
冰淇淋蘇打 014

Recipe 04
夜空的
冰淇淋蘇打 016

Recipe 05
月亮的
冰淇淋蘇打 018

Column 01
・關於玻璃杯・ 020

Chapter 2　水果的冰淇淋蘇打 *Fruits.*

Recipe 06
檸檬與迷迭香的
冰淇淋蘇打 022

Recipe 07
盛開玫瑰的
冰淇淋蘇打 024

Recipe 08
百分百哈密瓜的
冰淇淋蘇打 026

Recipe 09
鳳梨的
冰淇淋蘇打 028

Recipe 10
芒果的
冰淇淋蘇打 030

Recipe 11
綜合莓果的
冰淇淋蘇打 032

Recipe 12
蘋果泥與香橙的
冰淇淋蘇打 034

Column 02
・關於材料・ 036

Chapter 3　懷舊的冰淇淋蘇打 *Nostalgic.*

Recipe 13
三色糖漿的
冰淇淋蘇打 038

Recipe 14
巧克力香蕉的
冰淇淋蘇打 040

Recipe 15
淡夏的可爾必思
冰淇淋蘇打 042

Recipe 16
淺色果凍的
冰淇淋蘇打 044

Recipe 17
彈珠汽水的
冰淇淋蘇打 046

Recipe 18
蜂蜜檸檬的
冰淇淋蘇打 048

Column 03
・不會融化的冰淇淋蘇打・ ...050

Chapter 4　寶石的冰淇淋蘇打

Jewel.

Recipe 19
祖母綠的
冰淇淋蘇打 ·········· 052

Recipe 22
琥珀的
冰淇淋蘇打 ·········· 058

Recipe 20
藍寶石的
冰淇淋蘇打 ·········· 054

Recipe 23
綠松石的
冰淇淋蘇打 ·········· 060

Recipe 21
石榴石的
冰淇淋蘇打 ·········· 056

Column 04
· 讓我製作冰淇淋蘇打的理由 · ···062

Chapter 5　季節的冰淇淋蘇打

Season.

Recipe 24
春色的
冰淇淋蘇打 ·········· 064

Recipe 28
秋色的栗子
冰淇淋蘇打 ·········· 072

Recipe 25
繡球花的
冰淇淋蘇打 ·········· 066

Recipe 29
雪之日的
冰淇淋蘇打 ·········· 074

Recipe 26
夏色的薄荷
冰淇淋蘇打 ·········· 068

Recipe 30
聖誕節的
冰淇淋蘇打 ·········· 076

Recipe 27
變色紅葉的
冰淇淋蘇打 ·········· 070

Column 05
· 回憶的冰淇淋蘇打 · ···078

Chapter 6　大人的冰淇淋蘇打

Adult.

Recipe 31
薑汁糖漿的
冰淇淋蘇打 ·················· 080

Recipe 34
日本酒與罐裝水果的
冰淇淋蘇打 ·········· 086

Recipe 32
抹茶鮮奶的
凍飲 ·········· 080

Recipe 35
卡魯哇可樂的
冰淇淋蘇打 ·········· 088

Recipe 33
梅酒的
冰淇淋蘇打 ·········· 084

Column 06
· 來辦個冰淇淋蘇打聚會吧 · ···090

後記 ································· 094

• 製作冰淇淋蘇打的預備知識 •

How to make
Cream soda

先想像一下希望製作的冰淇淋蘇打，
然後再著手準備玻璃杯和材料吧。
這裡很推薦大家預先畫出飲品的完成圖。
如果有計畫拍照的話，也不要忘了準備好拍攝的場所。

將冰塊滿滿地填入

將冰塊放進玻璃杯時，請盡可能不留縫隙地填滿。如果冰塊不填得滿一點，放上冰淇淋的時候就容易下沉，導致外觀塌陷。

攪拌、倒入的動作要輕

請將糖漿和氣泡水緩緩地倒進去。如果倒入的力道太猛就容易溢出泡泡，讓二氧化碳散失。攪拌的時候也務必要輕輕地混合。

搖晃杯子使其混合

即便盡力將冰塊填滿，還是一定會留下一些縫隙。接下來請將氣泡水倒到一半左右，然後輕輕地搖晃玻璃杯，讓冰塊稍微融化並進行混合。

冰淇淋勺預先溫熱

如果預先將冰淇淋勺用微溫的水溫熱的話，就能挖出漂亮的冰淇淋球，建議大家預先準備。因為過度加熱會導致冰淇淋融化，因此只要將勺子稍微浸泡一下微溫的水就可以了。

● 1 大匙 =15㎖（15cc）、1 小匙 =5㎖（5cc）。
● 食譜標記的是大概的基準分量和調理時間，請視實際情況進行增減調整。因為玻璃杯的尺寸不同也會讓

分量有所變化，所以本書標記的是較多的分量。
● 關於「清洗」、「去皮」、「去果核」等基礎的事前處理作業在食譜中都予以省略。

Cream soda
Recipe

Chapter 1

天藍色的
冰淇淋蘇打

Sky.

Blue sky

Alpenglow

Magic hour

Night sky

Moon

Blue sky

注入藍天的冰淇淋蘇打

在繁忙的每一天都無暇抬頭仰望的湛藍天空。
為了讓各位在名為人生的地圖中迷網時都能想起它，
於是我將天藍色注入了玻璃杯之中。

● 材料（1杯的量）●

【水藍色糖漿】
藍色糖漿 ······················· 15mℓ
果糖球（8mℓ）················ 2個

藍色糖漿 ···························· 20mℓ
冰塊 ······························· 適量
氣泡水 ···························· 125mℓ
香草冰淇淋、櫻桃 ·············· 各適量

● 調製方法 ●

1 將水藍色糖漿的材料倒進量杯，攪拌混合。

2 將藍色糖漿倒進玻璃杯，輕輕地放入冰塊。

3 將氣泡水倒入 *1* 的水藍色糖漿，輕輕地攪拌混合。

4 將 *3* 的氣泡水先倒一點進 *2* 的玻璃杯，接著用調酒棒輕輕地攪拌混合水藍色和藍色的分界線，製作出漸層效果。最後緩緩地倒入剩餘的氣泡水。

5 擺上香草冰淇淋，用櫻桃裝飾點綴。

夕陽色的
冰淇淋蘇打

Alpenglow

變成紅色的天空,以及被暈染的世界色彩。
即使時光一點一滴地流逝而去,
那一天所看見的夕陽,也會一直留存在自己的心中。

Recipe 02

● 材料（1杯的量）●

柳橙 ·······························½個　　　紅石榴糖漿 ······················ 15mℓ

A　果糖球（8mℓ）··········· 2個　　　冰塊 ··································· 適量

　　氣泡水 ···················· 125mℓ　　香草冰淇淋、櫻桃 ········· 各適量

● 調製方法 ●

1

用榨汁器榨出柳橙汁。

2

將 *1* 的柳橙汁和 A 倒進量杯，輕輕地
攪拌混合。接著在另一個量杯裡倒入紅
石榴糖漿。

3

將紅石榴糖漿倒進玻璃杯，輕輕地放入
冰塊。

4

倒入一點 *2* 的氣泡水。

5

用調酒棒輕輕地攪拌混合柳橙汁和紅色
的分界線，製作出漸層效果。最後緩緩
地倒入剩餘的氣泡水。

6

擺上香草冰淇淋，用櫻桃裝飾點綴。

魔幻時刻的
冰淇淋蘇打

今宵的天空，是魔法的顏色。
對與重要的人一起度過、
宛如美夢般的時光施展魔法。

～～～～～～～～

● 材料（1杯的量）●

紅石榴糖漿	15mℓ
冰塊	適量
藍色糖漿	25mℓ
氣泡水	125mℓ
櫻桃、香草冰淇淋、 薄荷	各適量

● 調製方法 ●

1 將紅石榴糖漿的倒進玻璃杯。

2 輕輕地放入冰塊，過程中均衡地放入櫻桃。

3 將藍色糖漿和氣泡水倒進量杯，輕輕地攪拌混合。

4 將 *3* 的氣泡水先倒一點進 *1* 的玻璃杯，接著用調酒棒輕輕地攪拌混合紅色和藍色的分界線，製作出漸層效果。最後緩緩地倒入剩餘的氣泡水。

5 擺上香草冰淇淋，用薄荷裝飾點綴。

Night sky

夜空的冰淇淋蘇打

由夜色融化而成的冰淇淋蘇打。
請緩緩地倒進去，
不要因為注水時的衝擊讓分界線部分的顏色出現混雜。

● 材料〔1杯的量〕●

【紫色糖漿】

紅色糖漿 ·· 15mℓ

藍色糖漿 ·· 5mℓ

藍色糖漿 ·· 15mℓ

【水藍色糖漿】

藍色糖漿 ·· 5mℓ

果糖球（8mℓ） ································· 1個

氣泡水 ·· 60mℓ×2

冰塊 ·· 適量

香草冰淇淋、櫻桃 ································· 各適量

● 調製方法 ●

1 將紫色糖漿的材料、藍色糖漿、水藍色糖漿的材料倒進不同的量杯，各自攪拌混合。

2 在藍色糖漿和水藍色糖漿的量杯中各自倒入60mℓ的氣泡水，輕輕地攪拌混合。

3 將紫色糖漿倒進玻璃杯，輕輕地放入冰塊。

4 倒入 *2* 的藍色氣泡水，接著用調酒棒輕輕地攪拌混合紫色和藍色的分界線，製作出漸層效果。

5 倒入 *2* 的水藍色氣泡水，接著用調酒棒輕輕地攪拌混合水藍色和藍色的分界線，製作出漸層效果。

6 擺上香草冰淇淋，用櫻桃裝飾點綴。

月亮的冰淇淋蘇打

Moon

集結月亮的碎片調製出來的冰淇淋蘇打。

在滿月的夜晚，

添上一片薄荷來陪伴。

~~~~~~~~~~~

Recipe

05

● 材料（1杯的量）●

【月亮的碎片】

黃色糖漿 100mℓ

水 400mℓ

果糖球（8mℓ）.................... 2個

氣泡水 125mℓ

香草冰淇淋、薄荷 .... 各適量

● 調製方法 ●

1 將月亮碎片的材料攪拌混合後倒進製冰盒，接著放進冷凍庫裡結凍。

2 將敲碎成適當大小的月亮碎片輕輕地放進玻璃杯。

3 將果糖球和氣泡水倒進量杯，輕輕地攪拌混合。

4 將*3*的氣泡水緩緩地倒進*2*的玻璃杯。

5 擺上香草冰淇淋，用薄荷裝飾點綴。

● Point ●

左／因為是加入糖漿所製成的冰，很容易碎裂，所以請不要敲得太細碎。

右／請將玻璃杯填得滿滿的。

• 關 於 玻 璃 杯 •

選擇玻璃杯的時候，我認為各位可以先想像一下「想要調製的是什麼樣的冰淇淋蘇打呢」這件事。舉例來說，如果要製作的是想讓糖漿顏色的漸層表現看上去更加美麗的冰淇淋蘇打，就使用細長型的玻璃杯；想提升溫暖柔和的氛圍時，或許就能挑選外觀形狀圓潤的玻璃杯。

此外，玻璃杯的口徑也是很重要的一環。如果是要在冰淇淋的旁邊添加櫻桃等物來妝點的情況，口徑為冰淇淋的寬度再增加1cm左右、看起來的樣子會比較均衡；如果只放入冰淇淋、或是裝飾用食材是放在冰淇淋上面的場合，口徑為冰淇淋的寬度再增加0.5cm左右會比較能取得適切的平衡。

順帶一提，我手邊的玻璃杯，有偶然在街上發現的、有百元商店的商品、還有昭和風的產品等，樣式千變萬化。基本上我個人偏好有杯腳的簡潔設計款，不過也很喜歡波希米亞玻璃杯這種刻有纖細雕花的類型，未來也希望能入手乳白玻璃製成的品項。一旦發現很棒的玻璃杯，就會讓我無法停止想像「要做什麼冰淇淋蘇打才好呢」。

希望大家也務必要挑選到能讓自己感到無比欣喜的玻璃杯喔。

Cream soda
Recipe

Chapter 2

水果的
冰淇淋蘇打

Fruits.

Lemon and rosemary

Strawberry

Melon

Pineapple

Mango

Mixed berry

Grated apple and yuzu

Lemon and rosemary

檸檬與迷迭香的
冰淇淋蘇打

是一款在現榨檸檬的新鮮度基礎上
添加迷迭香風味的
清爽風冰淇淋蘇打。
非常推薦在想要讓情緒煥然一新的時候飲用。

● 材料（1杯的量）●

檸檬	1個
果糖球（8mℓ）	2個
氣泡水	140mℓ
冰塊	適量
迷迭香	2～3株
香草冰淇淋	適量

● 調製方法 ●

1 將檸檬對半切開，其中一半用榨汁器榨出檸檬汁，剩下的另一半薄切成2mm厚的圓片。

2 將 *1* 的檸檬汁、果糖球、氣泡水倒進量杯，輕輕地攪拌混合。

3 將冰塊輕輕地放進玻璃杯，過程中均衡地放入迷迭香和適量的 *1* 的檸檬片。

4 將 *2* 的氣泡水緩緩地倒進 *3* 的玻璃杯。

5 擺上香草冰淇淋，用剩餘的檸檬片裝飾點綴。

Strawberry

盛開玫瑰的
冰淇淋蘇打

把草莓雕琢成紅色玫瑰般的冰淇淋蘇打。
使用了新鮮的草莓
以及大量的果汁來製作。

草莓 ·························· 10個左右
果糖球（8mℓ）·················· 2個
檸檬汁 ····························· 1小匙
氣泡水 ····························· 70mℓ
冰塊 ································· 適量
香草冰淇淋、薄荷 ········· 各適量

● 調製方法 ●

1 拿一個草莓用來製作點綴用的裝飾物，切成花朵形狀。

2 將剩餘的草莓、果糖球、檸檬汁放進食物攪拌機，攪拌混合。如果攪拌狀況不理想的時候，可以加入少許的水（分量外）。

3 將70mℓ的**2**倒進量杯，接著倒入氣泡水，輕輕地攪拌混合。

4 將冰塊放進玻璃杯，接著緩緩地倒入**3**的氣泡水。

5 擺上香草冰淇淋，用**1**的裝飾用草莓和薄荷裝飾點綴。

● *Point* ●

將草莓薄切，排列時稍微錯位一下，然後從一端往另一頭收攏捲起，就能製作出簡單的花朵形狀。

Melon

百分百哈密瓜的冰淇淋蘇打

一球球挖出的哈密瓜果肉,甘甜又多汁。
調製時請一滴都不要剩下、徹底運用果汁吧。
冰涼的哈密瓜果肉搭配冰淇淋的組合,
能夠呈現出入口即化般的口感。

Recipe
08

● 材料（1杯的量）●

哈密瓜（預先冰鎮）
………………………… 小型1顆
氣泡水 ……………………… 適量
果糖球（8mℓ）……………… 2個
冰塊 ………………………… 適量
香草冰淇淋、櫻桃
…………………………… 各適量

● Point ●

活用冰淇淋勺來挖出一球球的哈密瓜果
肉。挖取時要像是輕輕旋轉的感覺，這
樣就能取出漂亮的球形。

● 調製方法 ●

1 哈密瓜將蒂頭朝上，從中間橫向切開。取
   出種子後挖出一球球果肉。過程中流出的
   果汁請集中到量杯裡面。

2 將氣泡水以1：1的比例倒進1的裝有果汁
   的量杯，接著倒入果糖球，輕輕地攪拌混
   合。

3 在1的挖掉果肉後的哈密瓜果皮裡放入高
   度約一半的冰塊，然後擺上挖出的果肉，
   將果皮填滿。

4 緩緩地倒入2的碳酸水。

5 擺上香草冰淇淋，用櫻桃裝飾點綴。

Pineapple

鳳梨的
冰淇淋蘇打

新鮮鳳梨那甘甜與酸味的平衡可說是絕妙無比。
因為會直接使用果肉，
所以是一款能享受吞嚥樂趣的冰淇淋蘇打。
即便是不喜歡氣泡感的朋友也能直接飲用，想要兌水也沒有問題。

Recipe
09

● 材料〔1杯份量〕 ●

鳳梨	小型1顆
果糖球〔8ml〕	2個
氣泡水	70ml
冰塊	適量
香草冰淇淋、櫻桃	各適量

● 調製方法 ●

1 切下一片鳳梨用來製作點綴用的裝飾物。

2 剩餘的鳳梨都切成一口大小，接著將鳳梨片、果糖球放進食物攪拌機，攪拌混合。如果攪拌狀況不理想的時候，可以加入少許的水（分量外）。

3 將70ml的*2*倒進量杯，接著倒入氣泡水，輕輕地攪拌混合。

4 將冰塊放進玻璃杯，接著緩緩地倒入*3*的氣泡水。

5 擺上香草冰淇淋，用*1*的裝飾用鳳梨和櫻桃裝飾點綴。

Mango

芒果的冰淇淋蘇打

透過在氣泡水裡面添加檸檬汁，
牽引出芒果甜味的冰淇淋蘇打。
希望大家能一起品味
口感綿密、風味濃郁的芒果果肉以及冰淇淋

● 材料（1杯的量）●

冷凍芒果 ·················· 150 g
果糖球（8mℓ）·············· 2個
檸檬汁 ······················ 1小匙
氣泡水 ···················· 140mℓ
香草冰淇淋、薄荷 ········· 各適量

● 調製方法 ●

1 切下一小塊芒果，再分切成小方塊，用來
作為點綴用的裝飾物，

2 將剩餘的芒果放進玻璃杯，盡可能填滿。

3 將果糖球、檸檬汁、氣泡水倒進量杯，輕
輕地攪拌混合。

4 將 *3* 的氣泡水緩緩地倒進 *2* 的玻璃杯。

5 擺上香草冰淇淋，用 *1* 的裝飾用芒果和
薄荷裝飾點綴。

Mixed berry

綜合莓果的
冰淇淋蘇打

風味和外觀都甜美至極，散發出大人的氛圍。
是一款使用了大量酸酸甜甜莓果類
的冰淇淋蘇打。
漸漸暈染上紅色的氣泡水也是這款飲品的魅力之一。

● 材料（1杯的量） ●

冷凍綜合莓果 ················ 適量
冰塊 ······················· 適量
果糖球（8mℓ）··············· 2個
氣泡水 ····················· 140mℓ
香草冰淇淋、百里香 ······ 各適量

● 調製方法 ●

1 預留一些綜合莓果作為點綴用的裝飾物。
接著將剩餘的綜合莓果和冰塊均衡地交互
放進玻璃杯。

2 將果糖球和氣泡水倒進量杯，輕輕地攪拌
混合。

3 將2的氣泡水緩緩地倒進1的玻璃杯。

4 擺上香草冰淇淋，用1的裝飾用綜合莓果
和百里香裝飾點綴。

● *Point* ●

請一邊觀察杯中物擺放的平
衡、一邊交互放進冰塊和綜
合莓果吧。一旦放入多種類
的莓果，就能讓飲品呈現出
美麗的外貌。

蘋果泥與香橙的
冰淇淋蘇打

令人感到內心平靜的溫和風味。
這是由蘋果的甘甜與香橙的香氣
組成絕妙搭配的一款冰淇淋蘇打。

Recipe
12

● 材料（1杯的量） ●

蘋果 ……………………… 小型1顆
砂糖 ……………………… 1大匙
A 果糖球（8mℓ）………… 1個
　香橙醬 …………………… 1小匙
　檸檬汁 …………………… 1小匙

氣泡水 …………………… 70mℓ
冰塊 ……………………… 適量
香草冰淇淋、香橙醬中的香橙絲
　（裝飾用）、薄荷 ……… 各適量

● 調製方法 ●

1

將蘋果切成一口大小。

2

將 *1* 的蘋果放進小鍋子，加入剛好淹過
蘋果高度的水（分量外）和砂糖，開中
火稍微燉煮一下。

3

將 *2* 的蘋果連同少量煮汁、A 放進食
物攪拌機，攪拌混合。接著放入冰箱冷
藏冰透後，將70mℓ倒進量杯，再倒入
氣泡水，輕輕地攪拌混合。

4

將冰塊放進玻璃杯，接著緩緩地倒入
3 的氣泡水。

5

擺上香草冰淇淋，用裝飾用的香橙絲和
薄荷裝飾點綴。

• 關 於 材 料 •

製作冰淇淋蘇打時所使用的冰塊，推薦選擇市售的飲料用衛生冰塊。不但便於調製，外觀也很美觀。因為大小是隨機的，所以也便於填滿玻璃杯，另外還具有容易擺放冰淇淋的優點。

關於食材，基本上水果都是使用新鮮的，但是選用比較熟的水果來製作其實也能為成品增添一番風味。特別是香蕉，挑選比較熟的才是最佳選擇。此外，因為檸檬等食材經常會連同外皮一起使用，所以選擇無防腐劑的會比較妥當。香草的話，因為培育起來相對容易，所以推薦大家可在園藝店等處購買苗或種子後於自家陽台栽種。

至於藍、綠、紅等顏色的糖漿，只要是大家喜歡的品項就可以了。因為根據糖漿不同，也會讓顏色和風味產生若干的差異，所以請參考本書食譜挑選喜歡的顏色來進行調整即可。如果是自家製作的糖漿，只要知道基本的製作方式之後，就能依據發想和創意讓食譜觸及的範圍無限擴大。不過因為比起市售的糖漿商品要更容易壞，所以請盡可能趕快使用完畢。除了用於製作冰淇淋蘇打之外，還有兌熱水或是用來製作果凍等各式各樣的使用方式。

Cream soda
Recipe

Chapter 3

懷舊的
冰淇淋蘇打

Nostalgic.

Three-color syrup

Chocolate and banana

Calpis

Pastel color jelly

Ramune

Honey and lemon

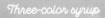

Three-color syrup

三色糖漿的
冰淇淋蘇打

從以前就能在咖啡廳看到色彩多元繽紛的冰淇淋蘇打。
綠色、黃色、紅色。
根據咖啡廳的不同，出現的顏色也是五花八門。
大家在家裡調製時，也請選擇自己喜愛的顏色來製作吧。

Recipe 13

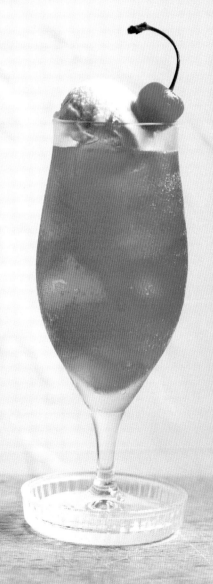

喜愛顏色的糖漿 ························· 40mℓ

氣泡水 ···································· 120mℓ

冰塊 ······································ 適量

香草冰淇淋、櫻桃 ····················· 各適量

• 調製方法 •

1　將糖漿和氣泡水倒進量杯,輕輕地攪拌混合。

2　將冰塊放進玻璃杯,接著緩緩地倒入 *1* 的氣泡水。

3　擺上香草冰淇淋,用櫻桃裝飾點綴。

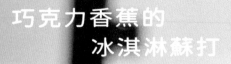

巧克力香蕉的
冰淇淋蘇打

Chocolate and banana

將會在祭典攤販出現的巧克力香蕉
直接變化成凍飲。
熟透的香蕉那濃郁的甜味
和巧克力極為相襯。

● 材料（1杯的量）●

香蕉（熟透）⋯⋯⋯⋯⋯⋯ 1條　　冰塊 ⋯⋯⋯⋯⋯⋯⋯⋯⋯⋯ 適量
牛奶 ⋯⋯⋯⋯⋯⋯⋯⋯⋯ 150㎖　巧克力冰淇淋、巧克力米、櫻桃、
蜂蜜 ⋯⋯⋯⋯⋯⋯⋯⋯⋯⋯ 1大匙　　薄荷 ⋯⋯⋯⋯⋯⋯⋯⋯⋯⋯ 適量

● 調製方法 ●

將香蕉切成一口大小。

將 *1* 的香蕉、牛奶、蜂蜜放進食物攪拌機，攪拌混合。

將冰塊輕輕地放進玻璃杯，接著倒入 *2*。

擺上巧克力冰淇淋，用巧克力米、櫻桃、薄荷裝飾點綴。

Calpis

淡夏的可爾必思
冰淇淋蘇打

檸檬的酸味
將可爾必思的風味提取出來。
是宛如夏季酸甜回憶的一款飲品。

〜〜〜〜〜〜〜〜〜〜

● 材料（1杯的量）●

可爾必思 ………………………………………… 25ml
檸檬汁 ……………………………………………… 1小匙
氣泡水 …………………………………………… 125ml
冰塊 …………………………………………………… 適量
檸檬（2mm厚的圓片）…………………………… 2片
香草冰淇淋、櫻桃 …………………………… 各適量

● 調製方法 ●

1　將可爾必思、檸檬汁、氣泡水倒進量杯，輕輕地攪拌混合。

2　將冰塊輕輕地放進玻璃杯，過程中均衡地將檸檬片貼在玻璃杯的內側杯壁。

3　緩緩地倒入 *1* 的氣泡水。

4　擺上香草冰淇淋，用櫻桃裝飾點綴。

Pastel color jelly

淺色果凍的
冰淇淋蘇打

放入孩提時代經常吃的迷你果凍。
請使用湯匙舀出、品嚐這道由
冰到沁涼的果凍和爽口氣泡水組成的飲品吧

~~~~~~~~~~~~~~~~~~

● 材料（1杯的量）●

迷你果凍 ·················· 13個左右
果糖球（8mℓ）·············· 2個
氣泡水 ···················· 125mℓ
香草冰淇淋、薄荷 ········ 各適量

● 調製方法 ●

1　果凍先在前一天放進冰箱冷凍。

2　將果糖球、氣泡水倒進量杯，輕輕地攪拌
混合。

3　將 1 的冰凍果凍從包裝杯中取出、放進玻璃杯，盡可能填滿。

4　將 2 的氣泡水緩緩地倒入。

5　擺上香草冰淇淋，用薄荷裝飾點綴。

● Point ●

將冰凍的果凍以顏色錯開的
形式依序放入。和放入冰塊
的時候一樣，請盡量填到不
要留下縫隙。

彈珠汽水的
冰淇淋蘇打

使用彈珠汽水製作的簡易版冰淇淋蘇打。
添加檸檬，營造出夏日的氛圍。

~~~~~~~~~~

● 材料（1杯的量）●

彈珠汽水 ·· 1瓶
檸檬汁 ·· 1小匙
冰塊 ·· 適量
櫻桃、香草冰淇淋、
　檸檬（3mm厚的半月形）·············· 各適量

● 調製方法 ●

1　將彈珠汽水、檸檬汁倒進量杯，輕輕
　地攪拌混合。

2　將冰塊輕輕地放進玻璃杯，過程中均
　衡地放入櫻桃。

3　將 1 緩緩地倒入。

4　擺上香草冰淇淋，用檸檬片裝飾點
　綴。

Honey and lemon

蜂蜜檸檬的
冰淇淋蘇打

採用能夠輕鬆自製的糖漿調製的冰淇淋蘇打。
屬於無論喝多少都讓人欲罷不能的清爽風味。

Recipe 18

● 材料（1杯的量）●

蜂蜜檸檬糖漿 30mℓ

氣泡水 120mℓ

冰塊 .... 適量

檸檬（取自蜂蜜檸檬糖漿）

.... 1片

香草冰淇淋、薄荷 .... 各適量

● 調製方法 ●

1 將蜂蜜檸檬糖漿、氣泡水倒進量杯，輕輕地攪拌混合。

2 將冰塊輕輕地放進玻璃杯，過程中均衡地將取自蜂蜜檸檬糖漿的檸檬片貼在玻璃杯的內側杯壁。

3 將 *1* 的氣泡水緩緩地倒入。

4 擺上香草冰淇淋，用薄荷裝飾點綴。

● *Point* ●

蜂蜜檸檬糖漿的製作方法

放入冰箱冷藏可保存2～3天左右。

可以兌熱水、也可以放在優格上享用。

材料（容易製作的分量）

檸檬（無防腐劑）................................. 1個

蜂蜜 .... 適量

1 將檸檬切成2mm厚的圓片。

2 將檸檬片放進煮沸消毒過的容器，接著倒入能夠讓檸檬片完整被浸泡的蜂蜜，密閉後放在陰涼處靜置2～3天。

• 不會融化的冰淇淋蘇打 •

　　對我來說，冰淇淋蘇打不只是回憶，也是讓我開始拍攝回憶照片的開端。在時光飛逝的日常生活中，我突然意識到如果有拍下照片的話，就能漸漸回想起「那個時候看到了這麼漂亮的風景啊」、「我曾有過這麼幸福的時光呢」之類的往事。

　　我希望大家也能像這樣留下自己的回憶，進而以此為契機製作出來的，就是這款「不會融化的冰淇淋蘇打」。

　　和真實的冰淇淋蘇打不一樣，它可以帶在身上到處跑，外觀也設計成方便拍照、擁有穩定感的方塊類型。無論是帶著它前往旅行的目的地，或者是再平常不過的日子裡，假使碰到美麗夕陽出現之類的場合，就能拿出來一起入鏡……我希望各位都能這麼善用它。實際上，也有一些朋友把這些照片上傳到社群網路上，並希望我能看看他們的作品，這也讓我欣喜萬分。

　　為了讓大家都能收齊自己喜歡的組合、享受排列在房間裡當作擺設的樂趣，因此我也預定要針對季節和不同的年度，製作出全新的「不會融化的冰淇淋蘇打」。

Cream soda
Recipe

Chapter 4

寶石的
冰淇淋蘇打

Jewel.

Emerald

Sapphire

Garnet

Amber

Turquoise

Emerald

祖母綠的
冰淇淋蘇打

祖母綠的寶石語言是「幸福」。
我想試著將祖母綠的這種寶石語言
融入冰淇淋蘇打之中。
如果某些重要的日子即將來臨時，
就請大家試著調製這款飲品吧。

● 材料（1杯的量）●

【祖母綠寒天】

A | 寒天粉 ·················· 4 g
  | 水 ·················· 100mℓ

B | 細砂糖 ·················· 90 g
  | 綠色糖漿 ·············· 25mℓ
  | 藍色糖漿 ·············· 35mℓ

冰塊 ·················· 適量
果糖球（8mℓ）·········· 2個
氣泡水 ·················· 125mℓ
香草冰淇淋 ·················· 適量

● 調製方法 ●

1

將 A 放進小鍋子，開中火。慢慢地進行攪拌混合，直到煮沸之後再繼續加熱2分鐘左右，讓寒天粉確實溶解。

2

轉弱火，加入 B，煮到溶解、開始產生黏稠狀之前，都要邊煮邊持續攪拌混合。

3

倒進模具，待餘熱散去後，放進冰箱冷藏2小時左右，直到凝固。

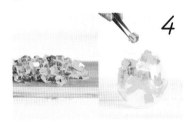

4

從模具中取出寒天，切成1cm的小方塊。接著將寒天和冰塊均衡地交互放進玻璃杯。

5

將果糖球和氣泡水倒進量杯，攪拌混合。接著緩緩地倒進 *4* 的玻璃杯。

6

擺上香草冰淇淋，接著將 *4* 剩餘的寒天切小塊、作為裝飾點綴。

※於Chapter4出現的寒天，全部都設定為方便製作的分量（2～3杯的量）。

藍寶石的冰淇淋蘇打

Sapphire

天空的藍色是映照出宛如藍寶石的大地的顏色。
當古時候的人抬頭仰望天空時，
應該就是這麼認為的吧。
嘗試在玻璃杯之中
創造出通透的藍色天空吧。

〰〰〰〰〰〰

● 材料（1杯的量）●

【藍寶石寒天】

A	寒天粉	4g
	水	100ml

B	細砂糖	90g
	藍色糖漿	40ml
	紅色糖漿	20ml

冰塊	適量
果糖球（8ml）	2個
氣泡水	125ml
香草冰淇淋、義大利香芹	
	各適量

● 調製方法 ●

1 將 A 放進小鍋子，開中火。慢慢地進行攪拌混合，直到煮沸之後再繼續加熱2分鐘左右，讓寒天粉確實溶解。

2 轉弱火，加入 B，煮到溶解、開始產生黏稠狀之前，都要邊煮邊持續攪拌混合。

3 倒進模具，待餘熱散去後，放進冰箱冷藏2小時左右，直到凝固。

4 從模具中取出寒天，用叉子或是牙籤切塊分解。接著將寒天和冰塊均衡地交互放進玻璃杯。

5 將果糖球和氣泡水倒進量杯，攪拌混合。接著緩緩地倒進**4**的玻璃杯。

6 擺上香草冰淇淋，接著將**4**剩餘的寒天和義大利香芹作為裝飾點綴。

以湯匙背壓將寒天切塊分
的大小不一的塊
如碎鑽石。

Garnet

石榴石的
冰淇淋蘇打

作為再次相逢的誓言而贈與他人，
同時也是友情的信物，
石榴石就是這一類「羈絆」的象徵。
是一款會希望大家與重要的人
攜手調製的冰淇淋蘇打。

● 材料〔1杯的量〕●

【石榴石寒天】

A 寒天粉 …………………………………… 4g
水 ………………………………………… 100mℓ
B 細砂糖 …………………………………… 90g
紅色糖漿 ………………………………… 50mℓ
綠色糖漿 ………………………………… 10mℓ
藍色糖漿 ………………………………… 10mℓ

冰塊 …………………………………………… 適量
果糖球（8mℓ） ……………………………… 2個
氣泡水 ……………………………………… 125mℓ
香草冰淇淋、迷迭香 ……………………… 各適量

● 調製方法 ●

1 將A放進小鍋子，開中火。慢慢地進行攪拌混合，直到煮沸之後再繼續加熱2分鐘左右，讓寒天粉確實溶解。

2 轉弱火，加入B，煮到溶解、開始產生黏稠狀之前，都要邊煮邊持續攪拌混合。

3 倒進模具，待餘熱散去後，放進冰箱冷藏2小時左右，直到凝固。

4 從模具中取出寒天，用叉子或是牙籤切塊分解。接著將寒天和冰塊均衡地交互放進玻璃杯。

5 將果糖球和氣泡水倒進量杯，攪拌混合。接著緩緩地倒進4的玻璃杯。

6 擺上香草冰淇淋，接著將4剩餘的寒天和迷迭香作為裝飾點綴。

琥珀的冰淇淋蘇打
Amber

琥珀的寶石語言是「擁抱」。
藉由黑糖蜜讓人放鬆的風味所表現出的琥珀，
是希望大家能在想要療癒內心的時刻、
或是感到有些疲憊的時候
嘗試製作的一項素材。

Recipe
22

● 材料（1杯的量）●

【琥珀寒天】

A ｜ 寒天粉 ·························· 4 g
　｜ 水 ·····························100㎖

B ｜ 細砂糖 ·························90 g
　｜ 黑糖蜜 ·························60㎖

冰塊 ···································· 適量
果糖球（8㎖）····················· 2個
氣泡水 ·······························125㎖
香草冰淇淋、薄荷 ········· 各適量

● 調製方法 ●

1 將 A 放進小鍋子，開中火。慢慢地進行攪拌混合，直到煮沸之後再繼續加熱2分鐘左右，讓寒天粉確實溶解。

2 轉弱火，加入 B，煮到溶解、開始產生黏稠狀之前，都要邊煮邊持續攪拌混合。

3 倒進模具，上層淋上適量的黑糖蜜（分量外），接著用竹籤等器具攪拌混合、製作出大理石紋路的效果。然後待餘熱散去後，放進冰箱冷藏2小時左右，直到凝固。

4 從模具中取出寒天，切成3㎝的小方塊。接著將寒天和冰塊均衡地交互放進玻璃杯。

5 將果糖球和氣泡水倒進量杯，攪拌混合。接著緩緩地倒進 **4** 的玻璃杯。

6 擺上香草冰淇淋，接著將 **4** 剩餘的寒天切小塊、和薄荷葉一起作為裝飾點綴。

● *Point* ●

步驟3將寒天倒進模具之後，要在凝固之前淋上黑糖蜜、接著用竹籤等器具輕輕地攪拌混合。因為混合後的狀態會影響最後飲品呈現的外觀模樣，所以請留意不要過度攪拌。

Turquoise

綠松石的
冰淇淋蘇打

據說綠松石能賜予人們勇氣、
引導大家朝著夢想或達成目標邁進。
如果這一款冰淇淋蘇打能夠成為
讓想要展開某些計畫卻裹足不前的人們
「挑戰新事物的契機」，
那就太令我感到榮幸了。

Recipe
23

【綠松石寒天】

A	寒天粉 ················· 4 g
	水 ······················ 100mℓ
B	細砂糖 ················ 90 g
	可爾必思 ············ 50mℓ
	藍色糖漿 ············ 10mℓ

冰塊 ······························ 適量
果糖球（8mℓ）··············· 2個
氣泡水 ·························· 125mℓ
香草冰淇淋 ····················· 適量

● 調製方法 ●

1 將 A 放進小鍋子，開中火。慢慢地進行攪拌混合，直到煮沸之後再繼續加熱2分鐘左右，讓寒天粉確實溶解。

2 轉弱火，加入 B，煮到溶化、開始產生黏稠狀之前，都要邊煮邊持續攪拌混合。

3 倒進模具，待餘熱散去後，放進冰箱冷藏2小時左右，直到凝固。

4 從模具中取出寒天，切成2cm的小方塊。接著將寒天和冰塊均衡地交互放進玻璃杯。

5 將果糖球和氣泡水倒進量杯，攪拌混合。接著緩緩地倒進 *4* 的玻璃杯。

6 擺上香草冰淇淋，接著將 *4* 剩餘的寒天切小塊、作為裝飾點綴。

• 讓我製作冰淇淋蘇打的理由 •

　　成為我的原點的，是在祖父母帶我去的咖啡廳裡所喝到的綠色冰淇淋蘇打。

　　小時候，每當我到祖父母的家留宿，他們都會帶著我去附近的一間咖啡廳，而我總是會點一杯冰淇淋蘇打來喝。漫步前往咖啡廳途中的時光、邊聊天邊等待冰淇淋蘇打送上桌的時光……這些都是我經常會回想起來的快樂記憶。

　　我第一次調製的冰淇淋蘇打是藍色的。我從來沒想過有一天能親手製作出從小就非常喜愛的冰淇淋蘇打。除了感到驚喜之外，內心也逐漸被它的魅力給擄獲了。

　　原本我就是因為喜歡製作東西，所以才會成為一個服裝設計師的，而且製作服飾的理念和調製冰淇淋蘇打存在著許多的共通點，我想這應該也是讓我如此熱衷的理由之一吧。無論是哪一個領域，「該怎麼度過每一天的時光呢」這件事都成為我創作的基礎。同時，我作為一個冰淇淋蘇打職人想傳達給大眾的，就是孩提時代所感受到、與祖父母之間的回憶等愉悅又幸福的時光。

Cream soda Recipe

Chapter 5

季節的
冰淇淋蘇打

Season.

Spring scenery

Hydrangea

Summer mint

Autumn leaves

Chestnut

Snow day

Christmas

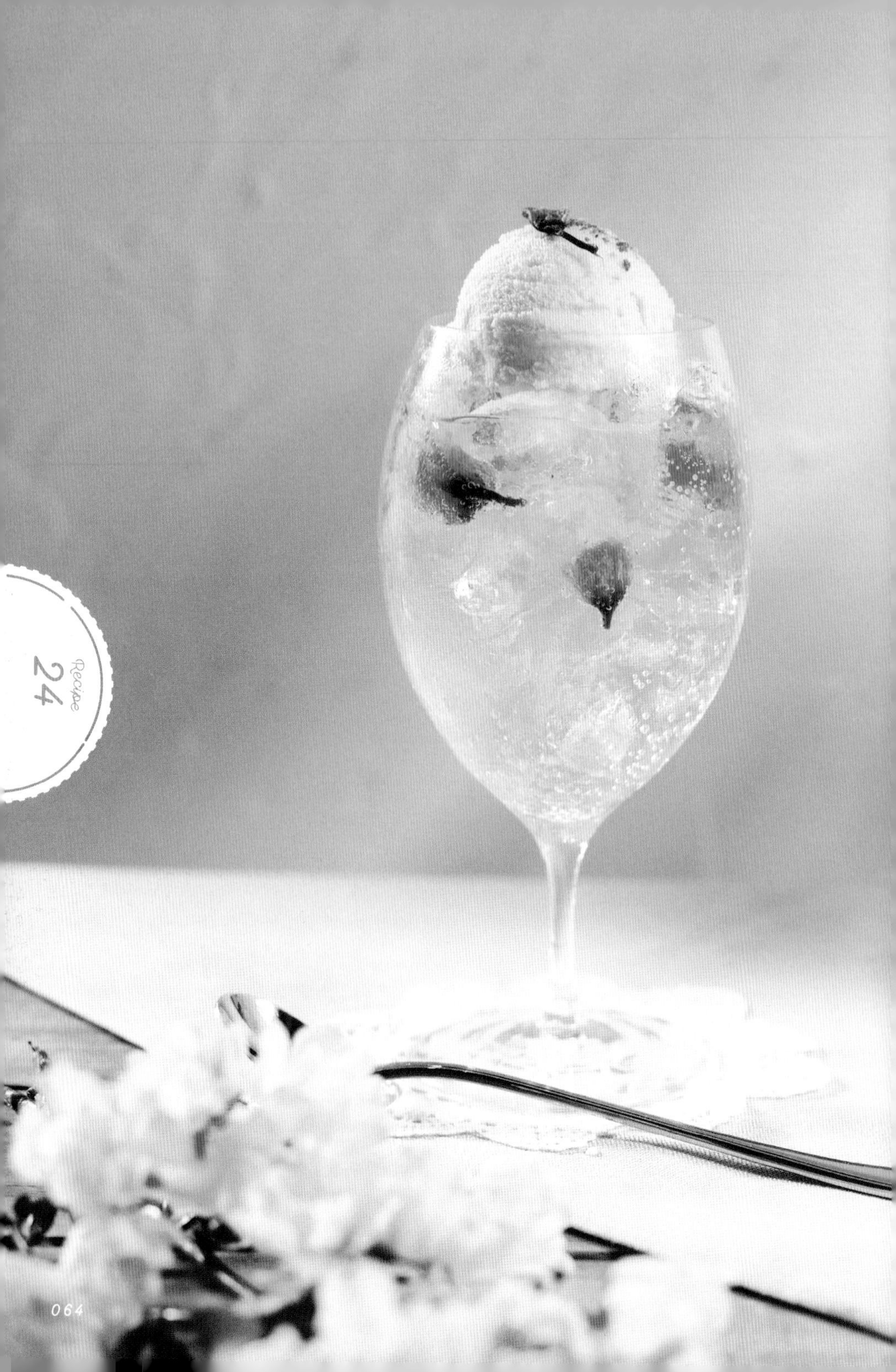

Recipe 24

Spring scenery

春色的冰淇淋蘇打

將櫻花飛散的樣子封印在玻璃杯中。
糖漿的甜和鹽漬櫻花的鹹
凝聚成令人欲罷不能的風味。

● 材料〔1杯的量〕●

鹽漬櫻花	適量
冰塊	適量
櫻花糖漿	25mℓ
檸檬汁	1小匙
氣泡水	125mℓ
香草冰淇淋、櫻花片	各適量

● 調製方法 ●

1 　將鹽漬櫻花過水，洗掉一些鹽分。

2 　將 *1* 的鹽漬櫻花預留一些作為點綴用的裝飾物。
接著將剩餘的鹽漬櫻花和冰塊均衡地交互放進
玻璃杯。

3 　將櫻花糖漿、檸檬汁、氣泡水倒進量杯，輕輕
地攪拌混合。

4 　將 *3* 的氣泡水緩緩地倒進 *2* 的玻璃杯。

5 　擺上香草冰淇淋，接著灑上櫻花片和 *2* 的裝
飾用鹽漬櫻花裝飾點綴。

繡球花的冰淇淋蘇打

Hydrangea

和下雨天很相襯的特別版冰淇淋蘇打。
想在家裡度過悠閒時光的時候，
請務必嘗試調製看看。

Recipe
25

● 材料（1杯的量）●

香菫菜糖漿 ············· 20mℓ　　檸檬汁 ························· 1小匙　　鮮奶油、紫色寒天果凍、

冰塊 ····························· 適量　　氣泡水 ····················· 130mℓ　　　薄荷 ···················· 各適量

果糖球（8mℓ）············· 2個

● 調製方法 ●

將香菫菜糖漿倒進玻璃杯，接著輕輕地放入冰塊。

將果糖球、檸檬汁、氣泡水倒進量杯，攪拌混合，接著緩緩地倒進 *1* 的玻璃杯。

擠上鮮奶油。

將紫色寒天果凍切成5mm的小塊。

用薄荷和 *4* 的紫色寒天果凍裝飾點綴 *3* 的玻璃杯。

紫色寒天果凍的製作方法

紫色的寒天果凍只要有香菫菜糖漿就能輕鬆製作。

材料（容易製作的分量）

A	寒天粉 ················· 2g
	水 ······················ 50mℓ
B	細砂糖 ················· 40g
	香菫菜糖漿 ·········· 30mℓ

1 將 A 放進小鍋子，開中火。慢慢地進行攪拌混合，直到煮沸之後再繼續加熱2分鐘左右，讓寒天粉確實溶解。

2 轉弱火，加入 B，煮到溶化、開始產生黏稠狀之前，都要邊煮邊持續攪拌混合。

3 倒進模具，待餘熱散去後，放進冰箱冷藏2小時左右，直到凝固。

夏色的薄荷
冰淇淋蘇打

Summer mint

為清爽的藍色添加薄荷。
讓薄荷的香氣
確實融入氣泡水是重點所在。

【水藍色的氣泡水】

藍色糖漿 ·············· 15㎖

氣泡水 ·············· 25㎖

萊姆 ·············· ½個

果糖球（8㎖） ·············· 2個

薄荷 ·············· 2～3枝

氣泡水 ·············· 125㎖

冰塊 ·············· 適量

香草冰淇淋 ·············· 適量

● 調製方法 ●

1 將水藍色氣泡水的材料倒進量杯，輕輕地攪拌混合。

2 預留一些萊姆作為點綴用的裝飾物，其餘用榨汁器榨出萊姆汁。

3 將 *2* 的萊姆汁、果糖球、15片左右的薄荷葉放進另一個量杯，接著倒入氣泡水、一邊搗碎薄荷葉一邊攪拌混合。

4 將 *1* 的氣泡水倒進玻璃杯。接著輕輕地放入冰塊，過程中均衡地放入薄荷。

5 將 *3* 的氣泡水緩緩地倒入，製作出漸層效果。

6 擺上香草冰淇淋，用 *2* 的裝飾用薄荷裝飾點綴。

● Point ●

左／步驟3將氣泡水和薄荷放進玻璃杯後，為了讓香氣移轉過去，所以要搗碎薄荷葉。

右／步驟4將冰塊放到一半的高度時，將2株左右的薄荷插進去、貼合玻璃杯內側的杯壁。使用鑷子會更方便進行這項作業。

Autumn leaves

變色紅葉的
冰淇淋蘇打

將秋天的景色納入玻璃杯之中。
敬請享受鮮豔的著色
所帶來的季節更迭。

Recipe
27

● 材料〔1杯的量〕●

紅石榴糖漿 ……………………………………… 15㎖

冰塊 ……………………………………………… 適量

黃色糖漿 ………………………………………… 25㎖

氣泡水 …………………………………………… 125㎖

香草冰淇淋、冷凍草莓 ………………… 各適量

● 調製方法 ●

1　將紅石榴糖漿倒進玻璃杯，接著輕輕
　　地放入冰塊。

2　將黃色糖漿、氣泡水倒進量杯，輕輕
　　地攪拌混合。

3　將 2 的氣泡水先倒一點進 1 的玻璃
　　杯，接著用調酒棒輕輕地攪拌混合黃
　　色和紅色的分界線，製作出漸層效
　　果。最後緩緩地倒入剩餘的氣泡水。

4　擺上香草冰淇淋，用切成5㎜小塊的
　　冷凍草莓裝飾點綴。

Chestnut

秋色的栗子冰淇淋蘇打

這是活用成熟栗子的甜味
所調製而成的一款凍飲。
最後淋上黑糖蜜作為點綴。

Recipe 28

栗子甘露煮 ·························· 60 g

甘露煮糖漿 ·························· 20㎖

牛奶 ·································· 100㎖

香草精 ································ 數滴

優格 ·································· 30 g

冰塊 ·································· 適量

香草冰淇淋、黑糖蜜、薄荷

·································· 各適量

● 調製方法 ●

1 預留一些栗子甘露煮作為點綴用的裝飾物。將剩餘的栗子甘露煮、甘露煮糖漿、牛奶、香草精放進食物攪拌機，攪拌混合。

2 將優格倒進玻璃杯，接著輕輕地放入冰塊。

3 將 *1* 緩緩地倒進2的玻璃杯。

4 擺上香草冰淇淋，接著淋上黑糖蜜，然後用 *1* 的裝飾用栗子甘露煮和薄荷裝飾點綴。

● *Point* ●

擺上冰淇淋之後，請將黑糖蜜淋在上面。盡可能慢慢地讓黑糖蜜往下滴落。

Snow day

雪之日的
冰淇淋蘇打

在粉雪逐漸下起的那一天，
當我在窗邊眺望外頭的景色時
腦海中突然浮現了這款冰淇淋蘇打。
藉由優格的清新和
氣泡水的爽口，
讓人能夠從中享受到獨特的口感。

～～～～～～～～～～～

● 材料（1杯的量）●

優格 …………………………………… 200g
可爾必思 ……………………………… 20ml
果糖球（8ml）………………………… 2個
檸檬汁 ………………………………… 1小匙
氣泡水 ………………………………… 80ml
鮮奶油、銀珠糖、糖粉、櫻桃 ……… 各適量

● 調製方法 ●

1 　將優格放進冰箱冷凍。

2 　將 *1* 的優格、可爾必思、果糖球、
　　檸檬汁、氣泡水倒進量杯，攪拌混
　　合，直到出現像是雪酪的質地狀態。

3 　緩緩地倒進玻璃杯。

4 　擠上鮮奶油，用銀珠糖、糖粉、櫻桃
　　裝飾點綴。

聖誕節的
冰淇淋蘇打

Christmas

以華麗的聖誕樹為意象、
略帶輕奢華感的冰淇淋蘇打。
如果你迫不及待地想迎接聖誕節的到來，
不妨先藉由這款飲品搶先享受吧。

Recipe
30

● 材料（1杯的量）●

藍色糖漿 ························· 18mℓ　　草莓 ····························· 適量
綠色糖漿 ··························· 5mℓ　　冰塊 ····························· 適量
果糖球（8mℓ）··················· 2個　　香草冰淇淋、鮮奶油、薄荷
氣泡水 ························· 135mℓ　　 ·························· 各適量

● 調製方法 ●

1

將藍色糖漿和綠色糖漿倒進量杯，攪拌
混合，接著倒進玻璃杯。

2

將果糖球和氣泡水倒進另一個量杯，輕
輕攪拌混合。預留一顆草莓作為點綴用
的裝飾物，其餘的對半切開。

3

將冰塊放進 *1* 的玻璃杯，放到一半的
高度。接著放入 *2* 的草莓，放到杯緣
處的高度。

4

倒入 *2* 的氣泡水。

5

擺上香草冰淇淋，然後在它的周圍擠上
一圈鮮奶油。

6

香草冰淇淋的頂端也擠上一小撮鮮奶
油，接著用 *2* 的裝飾用草莓和薄荷裝
飾點綴。

• 回 憶 的 冰 淇 淋 蘇 打 •

截至目前為止碰過的冰淇淋蘇打裡面，如果要我選出第一名還真的很不容易，不過其中確實有幾款讓我留下記憶的品項。

其中一款，是我一個人前往香川縣的小豆島旅行時，隨意走進去的一間咖啡廳所販售的冰淇淋蘇打。明明是第一次前往的場所，而且沒有認識的人、對於當地也不熟悉，但是那杯裝進簡樸玻璃杯中的綠色冰淇淋蘇打卻讓我感受到一股懷念的味道。這也讓我印象非常深刻。

至於自己調製的冰淇淋蘇打之中印象較深的，就是我為祖父祖母製作的冰淇淋蘇打。

還有就是夏天去京都旅行時調製的冰淇淋蘇打。在能夠看到大海的旅館悠閒地眺望景色，當時所喝的冰淇淋蘇打可說是最棒的享受。那是我和一同旅行的弟弟一起調製的冰淇淋蘇打。

回顧過往，就會意識到留下強烈記憶的冰淇淋蘇打大多都是為了某個人而調製的飲料。為了來到「旅する喫茶」的客人調製、想做給重要的人享用的冰淇淋蘇打，或許就是最能讓人感受到幸福感的一杯飲品呢。

Cream soda
Recipe

Chapter 6

大人的
冰淇淋蘇打

Adult.

Ginger syrup

Matcha milk

Plum wine

Sake and canned fruit

Kahlua and cola

薑汁糖漿的
冰淇淋蘇打

Ginger syrup

使用生薑的大人風味。
以發揮肉桂香氣
與紅辣椒辛辣
的薑汁糖漿調製而成。

Recipe
31

薑汁糖漿 ················· 30mℓ

氣泡水 ················· 120mℓ

冰塊 ···················· 適量

香草冰淇淋、檸檬片（3mm厚的
半月形）、生薑糖、薄荷
················· 各適量

● 調製方法 ●

1 將薑汁糖漿和氣泡水倒進量杯，輕輕地攪拌混合。

※因為相較於其他的糖漿更容易起泡，所以請慢慢地倒入。

2 將冰塊放進玻璃杯，接著緩緩地倒入 *1* 的氣泡水。

3 擺上香草冰淇淋，用檸檬片、細切的生薑糖、薄荷裝飾點綴。

薑汁糖漿的製作方法

材料（容易製作的分量）

生薑 ····················· 100 g

細砂糖 ···················· 50 g

A│水 ····················· 50mℓ
　│蜂蜜 ···················· 1大匙
　│檸檬汁 ··················· 1小匙
　│肉桂棒 ··················· 1條
　│紅辣椒 ··················· 1條

1 將切成薄片的生薑放進小鍋子，接著放入細砂糖，開弱火邊攪拌混合邊煮溶。

2 加入A，用弱火繼續煮15分鐘左右。

將薑汁糖漿放進煮沸消毒過的瓶子，接著放進冰箱冷藏，可保存3天左右。

Matcha milk

抹茶鮮奶的
凍飲

濃郁又帶有微微苦味的抹茶，
加上甘甜的牛奶可說是最棒的組合。
藉由黑糖蜜和黃豆粉的點綴，
打造出一款純和風的風味。

Recipe
32

● 材料（1杯的量）●

抹茶粉 ································ 3g　　　牛奶 ······························ 120mℓ
熱水 ······························· 30mℓ　　香草冰淇淋、黑糖蜜、黃豆粉
果糖球（8mℓ）················· 2個　　　　································ 各適量
冰塊 ······························· 適量

● 調製方法 ●

將抹茶粉和熱水放進量杯，確實攪拌混
合，使其溶解。

放入果糖球，確實攪拌混合。

將 *2* 的抹茶倒進玻璃杯，接著輕輕地
放入冰塊。

倒入牛奶，輕輕地攪拌混合，製作出大
理石紋路的效果。

擺上香草冰淇淋，接著淋上黑糖蜜，撒
上黃豆粉。

梅酒的冰淇淋蘇打

Plum wine

梅酒的芳醇香氣與層次感，
催生出與冰淇淋契合度極高的冰淇淋蘇打。
梅酒使用自製酒或是市售商品都沒問題。
請嘗試各種不同的梅酒吧。

● 材料（1杯的量）●

梅酒 ································· 70㎖
檸檬汁 ·····························1小匙
氣泡水 ···························· 70㎖
冰塊 ·································· 適量
香草冰淇淋、櫻桃、薄荷
····································· 各適量

● 調製方法 ●

1 將梅酒、檸檬汁、氣泡水倒進量杯，輕輕地攪拌混合。

2 將冰塊放進玻璃杯，接著緩緩地倒入 1 的氣泡水。

3 擺上香草冰淇淋，用櫻桃和薄荷裝飾點綴。

梅酒的製作方法

材料（2L瓶1瓶的量）
青梅 ···························· 500 g
冰糖 ···························· 400 g
White liquor（酒精濃度35度以上的品項）················ 900㎖

1 確實將青梅洗乾淨後，用竹籤挑去蒂頭，徹底瀝乾水氣。

2 將青梅和冰糖交互放進煮沸消毒過的瓶子，接著倒入White liquor。

3 將容器密閉，在冰糖完全融化之前可偶爾搖晃瓶子，使其入味。靜置1年左右就完成了。

※White liquor為日本特有的稱呼，意指發酵廢糖蜜再經過蒸餾取得的乙醇加入水之後製成、酒精濃度不滿36度的燒酒類。會用於水果酒的釀製，日本市面上亦有販售製作水果酒使用的商品。

Sake and canned fruit

日本酒與罐裝水果的
冰淇淋蘇打

由日本酒和甜甜的水果
組合而成的冰淇淋蘇打。
推薦使用清爽的
氣泡酒類型日本酒
來製作這款飲品。

Recipe
34

● 材料（1杯的量）●

臭橙 ···························· ½個
綜合罐裝水果 ······················· 1罐
日本酒 ···························· 150mℓ
冰塊 ······························· 適量
香草冰淇淋、薄荷 ········· 各適量

● 調製方法 ●

1 用榨汁器榨出臭橙汁。

2 將 *1* 的臭橙汁、罐裝水果內的湯汁20
　　mℓ、日本酒倒進量杯，輕輕地攪拌混合。

3 將罐裝水果和冰塊均衡地交互放進玻璃
　　杯。

4 緩緩地倒入 *2* 的日本酒。

5 擺上香草冰淇淋，用薄荷裝飾點綴。

● Point ●

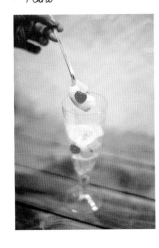

罐裝水果要和冰塊均衡地交
互放進玻璃杯。重點在於要
適時加入櫻桃作為凸顯的重
點，藉此讓成品的樣貌更加
理想。

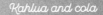

Kahlua and cola

卡魯哇可樂的
冰淇淋蘇打

略帶苦味的咖啡利口酒和
擁有清爽口感的可樂
竟然是意外相襯的組合。
請用這款雙方美味都格外鮮明的大人
風格冰淇淋蘇打，來享受愉快的夜晚吧。

~~~~~~~~~~~~

● 材料（1杯的量）●

卡魯哇咖啡利口酒	35mℓ
可樂	105mℓ
檸檬汁	1小匙
冰塊	適量
檸檬片（2mm厚的圓片）	2片
香草冰淇淋、櫻桃	各適量

● 調製方法 ●

1 將卡魯哇咖啡利口酒、可樂、檸檬汁倒進量杯，輕輕地攪拌混合。

2 將冰塊輕輕地放進玻璃杯，過程中均衡地將檸檬片貼在玻璃杯的內側杯壁。

3 緩緩地倒入 *1* 的卡魯哇可樂。

4 擺上香草冰淇淋，用櫻桃裝飾點綴。

· 來辦個冰淇淋蘇打聚會吧 ·

在家也能輕鬆地調製冰淇淋蘇打。
要不要和朋友、家人、重要的人齊心製作，
召開一個冰淇淋蘇打聚會呢？
我想肯定會讓大家度過一段相當愉快的時光的。

1. 決定主題

首先先來決定主題吧。例如水果或是在地風情的蘇打。一起決定主題的話，也能聊得更加盡興，讓聚會的過程變得更愉快。

這本書介紹了各式各樣的冰淇淋蘇打，所以參考本書來從中挑選主題應該也是不錯的選擇。

2. 外出進行採買

決定主題之後，接下來就要外出採買了。玻璃杯在百圓商店就能入手，因為設計的樣式豐富、還能用便宜的價格購入，所以最適合第一次舉辦的冰淇淋蘇打聚會了。

氣泡水、冰塊、裝飾用的櫻桃等都可以在超市買到。如果主題是水果的話，就到蔬果專區去繞一繞吧。如此一來，平時常去的超市或許也會變得閃閃發光、宛如不同的世界。

3. 準備材料

把根據大家所決定的主題採買回來的
材料一字排開，開始冰淇淋蘇打的製作
準備。水果的部分就先切成容易使用的
大小，如果要製作在地風情的蘇打，就
先把在地口味的飲料等物預先冰鎮。

4. 挑選玻璃杯

請把玻璃杯全都擺出來，從中選擇和
自己的冰淇淋蘇打印象最搭配的款式。
例如想展現蘇打美麗的色彩，就挑選細
長的款式；想提升溫暖柔和的氛圍時，
就選擇圓潤的款式。大家也可以再參考
一下P20的內容。

5. 調製

　那麼，現在就要開始來製作冰淇淋蘇打囉。

　大家各自發想、熱鬧喧囂地自由調製，正是冰淇淋蘇打聚會的醍醐味所在。如果是在自己家裡製作的話，不管是想放上兩球冰淇淋，還是多調製幾杯都不成問題。請盡情談天說地，好好享受這場冰淇淋蘇打聚會吧。

• 完成！•

• Cream soda collection •

這裡要介紹截至目前為止舉辦過、讓我印象深刻的冰淇淋蘇打聚會。

露營時的冰淇淋蘇打聚會

因為要用自家製梅酒或水果酒來製作出大人的風味，
所以使用在現場調製出的糖漿。在大自然之中悠閒度
過的一分一秒真的是相當特別的時光。

水果與蔬菜的
冰淇淋蘇打聚會

這是使用水果與蔬菜的健康取向冰淇淋蘇打聚會。藉
由水果和蔬菜的巧妙搭配，就能完成順口的冰淇淋蘇
打。大家一起集思廣益、進而發現新風味的過程真的
很有意思。

古民家的冰淇淋蘇打聚會

夏天時於古民家召開的冰淇淋蘇打聚會。我們採用了
令人懷念的綠色和藍色刨冰用糖漿來製作，再加上櫻
桃來點綴。這真的是很棒的夏日回憶。

台灣的冰淇淋蘇打聚會

在台灣的市場能夠買到只有當地才有的水果。我懷抱
著雀躍的心情、利用這些第一次看到的水果來製作。
無論哪一種都很美味，也讓我確實感受到這個世界上
還有很多不認識的水果呢。

我希望有一天能開設一家能供應冰淇淋蘇打的咖啡廳，同時還是能展示我最喜歡的衣服、凝聚我的「愛好」的店家。

　　我期許那裡會是一間聚集了很多人的店，同時這個場所也能成為大駕光臨的顧客人生的一部分。

　　舉例來說，當大家在早晨蒞臨的時候，我們會出來迎接，客人們也會逐漸變得更加熟悉。用完午餐以後，有些人會在這裡談論事情；入夜之後，人們會一邊小酌、然後在不知不覺間和原本不認識的人萌生了情誼。店家的印象，就像是在那裡一點一點催生出的小型交流，經過長時間的淬鍊，進而變化成一個大型的市街。

　　我希望自己可以成為能替聚集在那裡的眾人「設計人生」的設計師。於是我開始製作服飾、和伙伴一起打造最棒的咖啡廳，朝著這個夢想持續邁進。

　　到了現在，我自己所調製的冰淇淋蘇打，開始漸漸地吸引了人們的關注，讓更多的人得以共同擁有這樣的幸福感。如果大家也能像這樣與重要的人一同度過最棒也最幸福的時間，那就太好了。

　　如果收錄在這本書裡面的食譜，能夠讓各位生活中的一隅漸漸變得更為富足的話，我想再也沒有比這個更讓我感到榮幸的事了。

tsunekawa

TITLE

天藍色的冰淇淋蘇打 Recipe

STAFF

出版	瑞昇文化事業股份有限公司
作者	tsunekawa
譯者	徐承義

創辦人 / 董事長	駱東墻	
CEO / 行銷	陳冠偉	
總編輯	郭湘齡	
文字編輯	張聿雯	徐承義
美術編輯	謝彥如	
國際版權	駱念德	張聿雯

排版	謝彥如
製版	明宏彩色照相製版有限公司
印刷	桂林彩色印刷股份有限公司

法律顧問	立勤國際法律事務所　黃沛聲律師
戶名	瑞昇文化事業股份有限公司
劃撥帳號	19598343
地址	新北市中和區景平路464巷2弄1-4號
電話	(02)2945-3191
傳真	(02)2945-3190
網址	www.rising-books.com.tw
Mail	deepblue@rising-books.com.tw

初版日期	2023年6月
定價	350元

國家圖書館出版品預行編目資料

天藍色的冰淇淋蘇打 Recipe /
tsunekawa作；徐承義譯. -- 初版. --
新北市：瑞昇文化事業股份有限公司,
2023.06
　96面；14.8x21　公分
ISBN 978-986-401-636-5(平裝)
1.CST: 飲料

427.4　　　　　　　　112006676

SORAIRO NO CREAM SODA RECIPE
Copyright © tsunekawa 2019
Chinese translation rights in complex characters arranged with WANI BOOKS CO., LTD.
through Japan UNI Agency, Inc., Tokyo